搞笑兄妹科学大冒险 物理

韩国搞笑兄妹 [韩] 李贤真 [韩] 权泰均 著

[韩] 金德永 绘 易乐文 译

山东画报出版社
济 南

果麦文化　出品

大元

初中三年级学生。

好奇心大过天，惹是生非最在行，

捉弄妹妹艾咪是日常。

本想来个恶作剧让妹妹吃点苦头，

却意外踏上了科学冒险之旅。

艾咪

小学五年级学生。

做梦都想报复一下捣蛋鬼哥哥，

但还是最喜欢跟哥哥一起玩。

和哥哥一起误食神奇的宇宙超能软糖，

从此开启了科学冒险之旅。

恩吉

大元和艾咪养的小狗，

稀里糊涂地跟着兄妹俩开始了科学探险。

在危急时刻，用动物的本能帮助兄妹俩化险为夷。

卡奥斯 （天文、地理）

天才研究所所长，研究所领军人物，对科学满腔热忱。

凭借出色的头脑，在兄妹俩寻找软糖的过程中提供了很大帮助。

伊格鲁 （物理）

研究所的气氛担当，看起来有点儿不靠谱，

实则是天才发明家，发明了许多神奇的物品。

斯嘉丽 （生物）

研究所的军师，在任何情况下都能沉着应对危机，

可以与世界上所有生物进行交流。

闪闪 （化学）

研究所的颜值担当，像亲姐姐一样对待大元兄妹俩，

善于制造特殊物质。

斯威特
先生

零食团

想占据世界上所有零食的坏家伙们。

偶然发现软糖的存在后，想将软糖占

为己有。为此，对科学冒险队穷追不舍。

曲奇　　香草　　草莓　巧克力

目录

序章　冒险集结令

第一章　重量和重力

1. 游乐园，我们来啦 · 10
   弹性 / 弹簧秤 / 水平 / 天平

   ☆ 艾咪的第二课堂　我们身边的秤 · 35

2. 减肥失败的大元 · 36
   重力 / 重量 / 质量

   ☆ 艾咪的第二课堂　宇宙空间站真的没有重力吗？· 49

   ☆ 兄妹游乐场　天平平衡法 · 50

第二章　力与运动

1. 疯狂的碰碰车手，艾咪 · 52
   力 / 摩擦力 / 浮力

   ☆ 艾咪的第二课堂　如何表示力 · 69

2. 追踪兄妹俩的神秘组织 · 70
   运动 / 速度 / 力的方向和速度 / 惯性

   ☆ 艾咪的第二课堂　这些都是因为惯性！· 87

   ☆ 兄妹游乐场　寻找宣传海报中的错误 · 88

第三章 功与能量

1. 什么？我们根本没有做功？ · 90
   功 / 能量 / 功与能量的关系

   ☆ 艾咪的第二课堂　功与能量的转换，哥德堡装置 · 99

2. 恐怖屋的秘密 · 100
   动能 / 势能

   ☆ 艾咪的第二课堂　我们也有能量 · 123

   ☆ 兄妹游乐场　寻找正在做功的人 · 124

第四章 能量的转换和守恒

1. 我们不是恶魔 · 126
   力学能量 / 力学能量的转换 / 能量守恒

   ☆ 艾咪的第二课堂　废弃的能量也能再利用 · 147

2. 落入陷阱的兄妹俩 · 148
   电能的产生 / 电能的转换

   ☆ 艾咪的第二课堂　让我们一起珍惜电能 · 159

   ☆ 兄妹游乐场　发电站迷宫 · 160

答案 · 162　　名词解释 · 163

索引 · 164

序章 冒险集结令

想和我们一起去科学探险的朋友，集合啦！

不知不觉，这已经是和我们一起的第五次科学探险了。

在上一次的旅途中，我们和世界上最可爱的黛西一起去了诡异的文具店，

和可怕的液体怪物进行了一次亲密接触。

怪物越变越大，向我们发起了攻击，

幸好，在闪闪姐姐的帮助下，我们顺利击退了怪物。

拥有特别能力的闪闪姐姐的过去，究竟是什么样的呢，真是太好奇了！♬

这次，我们要和淘气程度不亚于大元哥哥的伊格鲁哥哥一起，

到游乐园学习物理知识。

本以为这次可以安心地游玩，

但是可恶的零食团真是无处不在，甚至还遇到了看不见的敌人！

这次旅行中也会发生许多精彩的故事哦，请大家多多期待！

老规矩，请在科学探险队队员证上写上名字，我们准备出发啦！

队员证
姓名：大元
年级：初中三年级
特长：捉弄艾咪

队员证
姓名：艾咪
年级：小学五年级
特长：模仿歌手

队员证

姓名：
年级：
特长：

还有艾咪，玩得开心哦。

什么？玩得开心？去哪儿？

啊！对了！瞧我这记性，差点儿忘记给你了。

刷

黛西送来了三张游乐园的门票，说是为了感谢我们上次在液体怪物事件中提供的帮助。她一次性买了50箱拉面，门票是超市作为赠品送给她的。

一次性买了50箱拉面？

看看这规模！

赞

逆袭拉面

一周就吃完了！嘿嘿！

怎么办？大元伤得这么重，只好让艾咪一个人用了。

吭味

不，且慢。

呃！我也想去游乐园，要不趁现在实话实说，告诉他们我的脚已经好了？

可是这样的话，我的美好生活就要结束了，怎么办？

举棋不定

谢谢，斯嘉丽姐姐，不知道安吉丽娜有没有时间。

呃！

急忙

艾咪！等等，我也一起去！

受伤的人能去哪儿呢！哥哥你就好好躺着吧……

什么呀?！你的腿不是好好的吗？

现在好像没事了，你看！

啥

啥

齐刷刷……

哆嗦

你们看，这是伊格鲁收集的游乐园门票，已经这么多了！

哇！

这就是游乐园俱乐部会长与众不同的气质。

哇，伊格鲁哥哥还是游乐园俱乐部的会长呢?！太了不起了。

这些地方全都去过了？连迪士尼乐园也没落下？

相册

酷

哈哈哈，除了南极和北极的游乐园，地球上的其他游乐园都有我的足迹！

南极和北极有游乐园吗？

嘀嘀

这个嘛……

咕咕

第一章

重量和重力

1. 游乐园，我们来啦

弹性 / 弹簧秤 / 水平 / 天平

★ 质量是构成物体固有的量，是量度物体惯性大小和引力作用强弱的物理量；而重量是物体受到重力的大小，两者是
不同的概念。但在日常生活中，人们习惯用重量来表示物体质量的大小。

沮丧

看不下去了，为了消除哥哥的恐惧，我们先玩一些轻松的项目热热身吧。

哪些项目？

蹦床体验场

你让我去玩这个？这可是小孩子玩的。

当当，就是这里啦！

小洪，超好玩的，是不是？

嗯，在宏哥哥！

扑腾

扑腾

在蹦床上跳10分钟，运动效果相当于跑步30分钟。不仅可以在短时间内消耗大量热量，而且有助于排出体内代谢废物，还有强化肌肉的效果。

好处多多

哥哥，一起来玩吧。

那……那我就姑且一试？

犹豫

看来大元的体重让弹簧达到了最大拉伸长度，所以旁边的小孩只要轻轻一跳，就能蹦得很高了。

呀哈

弹簧在哪里呀？

跟蹦床布连接在一起。

蹦床布和弹簧都有受力拉伸、不受力则恢复原来长度的特性，这个特性就是弹性。

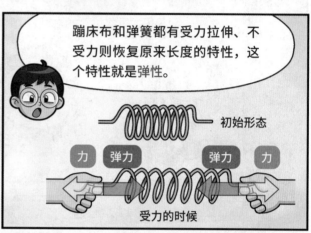

初始形态

力 弹力 弹力 力

受力的时候

大元重重地落到蹦床布上，压力使弹簧拉伸，被拉伸的弹簧想恢复原来的形状，这个时候弹力就会发挥作用。

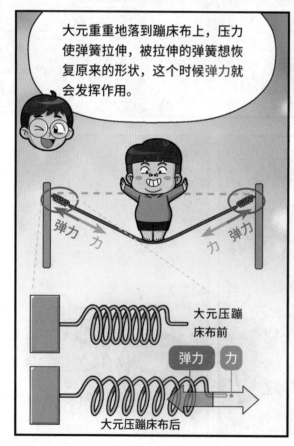

弹力 力 力 弹力

大元压蹦床布前

弹力 力

大元压蹦床布后

在弹力的作用下，弹簧逐渐恢复原来的形状，大元和旁边的孩子就被弹了起来。

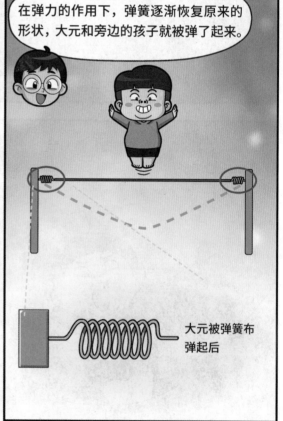

大元被弹簧布弹起后

那我们岂不是可以根据弹簧拉伸的程度来测量质量了？

没错，确实有利用弹簧称重的秤哦。

弹簧拥有随着质量的变化而伸长或缩短的特性。

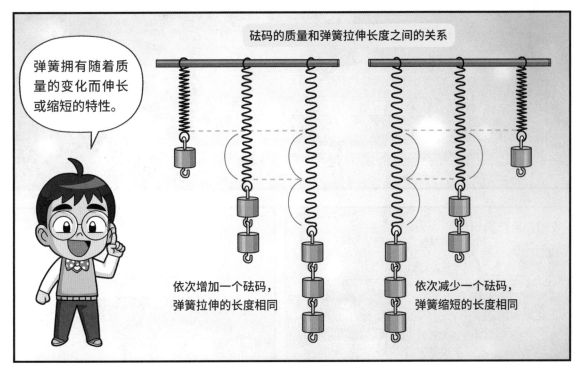

砝码的质量和弹簧拉伸长度之间的关系

依次增加一个砝码，弹簧拉伸的长度相同

依次减少一个砝码，弹簧缩短的长度相同

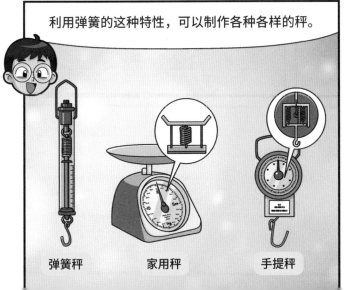

利用弹簧的这种特性，可以制作各种各样的秤。

弹簧秤　　　家用秤　　　手提秤

解说就到此为止，我们一起跳吧。艾咪，你也一起吧！

我就算了。

我不要，不要。

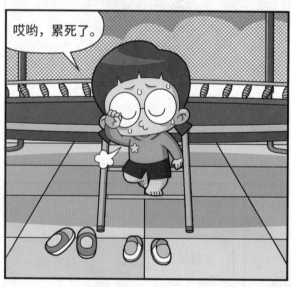

兄妹的好奇心　　为什么在蹦床上可以"砰砰砰"地跳得很高呢？

　　弹性是指物体在外力作用下发生形变后，想要恢复原来大小和形状的性质。蹦床布和弹簧都是有弹性的物体。因此，当我们向弹簧布施加压力后，弹性就会发挥作用，将我们推开，我们就蹦起来了。

18

弹簧秤的使用方法

弹簧会随着作用力的大小成比例地拉伸或缩短，因此，通过这种性质可以求得物体的质量。如果想用弹簧秤测量物体的质量，首先要确认弹簧秤能够称量的最大质量，以及秤上标注的一格刻度代表的质量。接下来，让我们来了解一下弹簧秤各个部分的名称和作用吧。

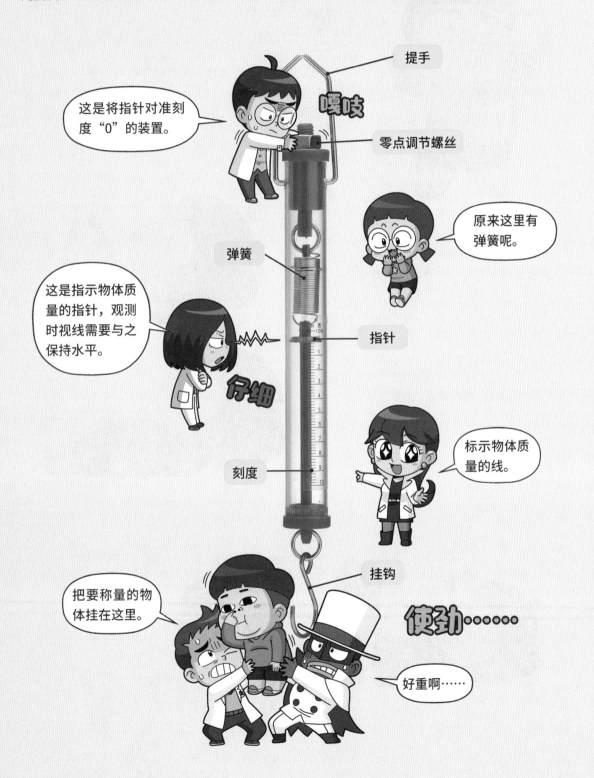

提手

这是将指针对准刻度"0"的装置。

嘎吱

零点调节螺丝

原来这里有弹簧呢。

弹簧

这是指示物体质量的指针，观测时视线需要与之保持水平。

仔细

指针

刻度

标示物体质量的线。

挂钩

把要称量的物体挂在这里。

使劲……

好重啊……

弹性和弹力

很快就会让你们看到身手敏捷的大元！

橡胶拉伸带具有弹性，用手拉拽就会伸长，把手放开就会恢复到原来的形状。不久前，大元开始利用这种弹性进行运动了。

呼哧！

被大元拉伸变形的橡胶带会产生恢复原来形状的力，这个力就是弹力。

弹力的作用方向和橡胶带发生形变的方向相反，大小则与之相同。

嘿哈！

力

弹力

呃！我是不是太用力了？！

噗

到底吃了什么，这味道……

在日常生活中，我们会用到各种各样有弹性的物体。

将头发绑起来或固定起来的时候，会用到头绳或夹子的弹性。

自行车和摩托车坐垫上有弹簧，可以保护屁股不受冲击哦。

架子鼓、吉他等乐器利用物体的弹性发出声音。

撑竿跳高、网球等运动中也会运用物体的弹性。

呀哈

嘿，艾咪。

气喘呼呼

这才跳了多久，就这副模样了？叫你平常多做点运动，老是不听。

瞪

噗！真是可笑！这话不应该我说吗？

抖抖抖

哎哟，我得休息一下

啊，不行，等等！

扑腾

呃啊，救命啊！

咻咻咻

哐

24

大脑全速运转

嗯……

啊！让重的人坐得离支点近一点就行了！

没错儿！

让哥哥坐到离支点最近的位置，我站在离支点最远的地方，然后奋力一跳，这样的话？

哥哥！到最前面去！快点。

呜！为什么，我就喜欢这个位置。

嘿嘿，做好心理准备吧，大元同学！

呜呜

目标

奋力一跳

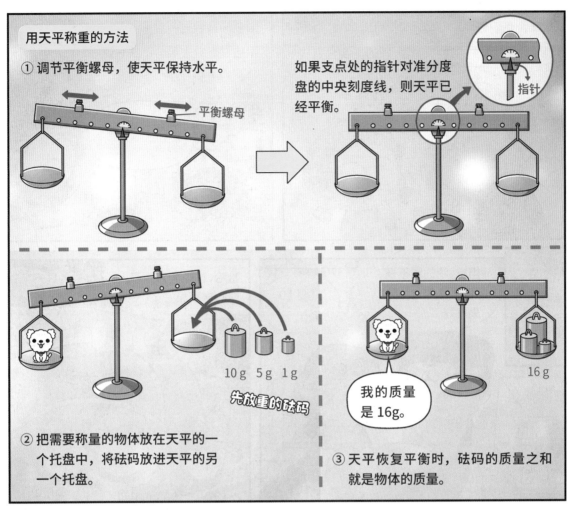

用天平称重的方法

① 调节平衡螺母，使天平保持水平。

平衡螺母

如果支点处的指针对准分度盘的中央刻度线，则天平已经平衡。

指针

10 g 5 g 1 g

先放重的砝码

② 把需要称量的物体放在天平的一个托盘中，将砝码放进天平的另一个托盘。

我的质量是 16g。

16 g

③ 天平恢复平衡时，砝码的质量之和就是物体的质量。

原来你也是秤啊！

当然啦！

兄妹的好奇心　跷跷板怎么玩才更有趣呢？

玩跷跷板的时候，应该让跷跷板保持平衡，不向任何一方倾斜。可是和朋友体重不一样的话怎么办？这时，重一些的朋友坐在离支点较近的位置，轻一些的朋友坐在离支点较远的位置就行了！

艾咪，我们去吃点东西吧。

好的，我也有点饿了。

咕噜噜

游乐园里有一家有名的吉事果店！赶紧去买，不然一会儿卖光了！

一起去啊！我也饿了。

儿童游乐园

十万火急

趣趣吉事果

姐姐，我的钱不多，我只要10个吉事果就好了。

只要10个？

好的。

哈哈，这位大胃王客人，您的吉事果好了……

一激灵

这客人真合我心意！

啊！

谢谢……

啊！

怎么了，哥哥？发生什么了……

呃！

吓一跳

天平的使用方法

天平是利用杠杆原理比较或称量物体质量的秤，我们来了解一下天平各个部分的名称吧！

天哪，真是贼喊捉贼啊。到底是谁跟踪谁啊？明明是我们先来这里的！

他们先来的？！

啊！什么时候开始吃的？可恶！

就是，我们都在这儿做了好久生意了！

什么？做生意？还做了好久了？

噗啊

好奇鬼 大元

居然有测量心脏重量的秤？

传说，在古埃及，阿努比斯神*会将死者的心脏和玛特*的羽毛放在天平的两边进行称重，并以此来审判死者生前的人生。罪孽深重之人的心脏很重，而无罪之人的心脏很轻，如果死者的心脏比玛特的羽毛重，阿努比斯就会将其交给阿米特*吞下！失去心脏的死者，灵魂会永远在世界上游荡。

古埃及壁画

★阿努比斯神：古埃及神话中的死神，主要负责审判之秤的称量工作，拥有人身、胡狼头。
★玛特：古埃及神话中一位头上饰有一根鸵鸟羽毛的女神，是真理、正义和公平的象征。
★阿米特：古埃及神话中一种拥有鳄鱼头、狮子上身及河马下身的生物。

因为每次都找不到软糖，所以就被公司安排在游乐场里帮忙了。

但是干着干着还挺有趣的，不是吗，草莓？我们得谢谢老板。

原来还有这么曲折的故事啊，对不起。

热泪 盈眶

哥哥，你有什么好对不起的！都是他们自作自受！天天折磨我们，现在也是罪有应得。

哼

呃！什么……

哥哥，你不觉得这里的吉事果潮乎乎的吗？我们去买更好吃的吧。哼！

扭头

你们竟然捉弄我们！走着瞧吧！

你好，点单。

好的，这位客人，欢迎来到游乐园里最美味的吉事果店，哈哈哈。

唰

鸡皮疙瘩……

忽闪 忽闪

我们身边的秤

日常生活中，我们经常会测量物体的质量。比如，宝石的质量、车的质量、包的质量，等等。如果不准确测量质量，那么在定价或收费时就会产生误差。所以我们需要根据不同的情况，选择合适的秤来准确测定物体的质量。

婴儿只要舒舒服服躺在上面，就可以称重啦。

婴儿秤

这是称量宝石的秤，可以精确到0.0001g。

电子量勺秤

烹饪的时候，将食材放在勺子里就可以称重啦，非常方便。称量范围一般在0.1~300g。

超精密宝石秤

收拾旅行行李或打包快递时用便携电子秤提前称重，可以节省费用。

起重机秤

便携式电子秤

分析天平

实验室用来称量实验材料质量的秤，为了减少风的影响，用玻璃箱子罩了起来。

设置在起重机上的秤，可以在抬起或放下重物时称量其质量。一般可以测量5吨(t)*以内的质量。

★吨：计量单位，用字母表示为t。1吨等于1000千克（kg），1千克等于1000克（g）。

2. 减肥失败的大元

重力 / 重量 / 质量

36

兄妹的好奇心 **为什么地球上所有的物体都会向下坠落呢？**

这是因为地球上吸引物体的力量——重力——在起作用，所以地球上所有物体都会向地球中心方向坠落，并附着在地球上。如果想知道作用在各个物体上的重力大小，只要测量物体的重量就可以了。

我是谁？我在哪里？

还能是哪里？蹦极的等候室啊。

东张西望

什么？我为什么又要跳一遍？

你在说什么？你做梦了啊？

哆嗦

哆嗦

我不跳了，你和伊格鲁哥哥两个人跳吧。

入口

落荒

逃

而

没关系的。离地球中心越远，重力不是就越小嘛。跳台有 50 米，离地球中心远，重力也减弱了，所以坠落的速度比想象中慢。

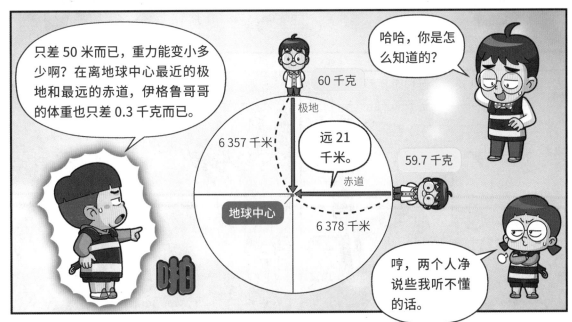

只差 50 米而已，重力能变小多少啊？在离地球中心最近的极地和最远的赤道，伊格鲁哥哥的体重也只差 0.3 千克而已。

哈哈，你是怎么知道的？

60 千克

极地

6 357 千米

远 21 千米。

59.7 千克

赤道

地球中心

6 378 千米

哼，两个人净说些我听不懂的话。

啪

物体的重量就是作用在物体上的重力的大小，称重的地方不一样，重量也不一样。

那去赤道地区的话，体重真的会减轻吗？

重量减轻并不意味着瘦了，构成物体的物质的量并没有发生变化，只有重力在变化。

我还以为换个地方，就能瘦下来呢，白兴奋一场了。

喊

如果重力发生了变化，那应该如何测量构成物体的物质的量呢？

物体中所含物质固有的量叫作质量。可以用天平和砝码来测量。

既来之，则安之，赶快跟我们一起上去吧，一会儿就下来了。

不要，不要……

呜呜！

你好……

突然

唰

重量 VS 质量

物体的重量是指物体受到的重力的大小。在地球上任何地方，物体所受重力都相近，所以重量也几乎一样，但是离开地球的话重力就会发生变化，重量也会变。

但是重量变化并不意味着物体的体积和大小等物体固有的量发生变化。
所以科学家们把物体中所含物质固有的量称为质量，与重量区分。

表示重量时，我们一般使用牛顿（N）等单位；表示质量时，我们一般使用克（g）、千克（kg）等单位。但在日常生活中，人们习惯用重量来表示物体质量的大小。

我可以问一个问题吗?

笑咧咧

喂,哥哥们,打起精神来好吗?

这位美丽的女士,请问您有什么问题呢?在下一定竭尽全力,为您效犬马之劳。

啊?哈哈……

我刚刚一直在后面观察,如果您害怕,不想跳的话,可以让我先来吗?

噗!果然,没错。

石化

我怎么会害怕呢?我只是怕弄坏今天的发型,才稍稍犹豫了一下,哈哈哈。

发型?哈哈哈。

梳头

舔

从 50m 的高空以 80km/h 的速度自由落体……

瞟

天空 蹦极

快来体验从 50m 高空以 80km/h 的速度自由坠落的刺激吧!

* 最多可供 3 人同时使用

兄妹的好奇心 **为什么到了月球上重量会减轻,但不会变瘦呢?**

物体在月球上所受的重力是地球的约 1/6,所以地球上重 60kg 的人在月球上称重只有 10kg。但即使重量减轻了,实际的质量仍然保持不变。因为质量是物体固有的量,不会随着物体的位置或状态的改变而改变。

嗯……也没有风……

唰

噗

$v = gt$

$v^2 = 2g$

忽略空气阻力时……到达地面所需的时间是 3~4 秒！

精打细算

蹦一次极仅需要喝一口水的时间，请再忍耐 4 秒，帅气的大元马上回来。

啊，什……什么？

眨眼

大家快过来！

这还是大元吗？

谁知道呢。

冲！

天空 跳绳

就 绪

很好，哥哥！冲啊！3！

2！

1！开始！

在宇宙中也能测定质量吗？

在像宇宙中一样几乎没有重力的地方，物体的质量是无法用秤测量的。这时，我们就需要使用其他方法，比如，对物体施加力时并测量物体运动的距离，从而测量物体的质量。宇宙空间站的实验结果显示，质量小的物体比质量大的物体移动得更远。如果想在宇宙空间站测量体重，可以用脚推体重计的跳板，然后根据身体移动的程度来测算体重。

哥哥，快尝尝这个。

是啊，大元！咱们下次还能交到别的好朋友。

唉声叹气

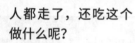

人都走了，还吃这个做什么呢？

咻

咦？

嗅嗅

津津有味

吉事果和冰激凌！我竟然现在才发现这奇妙的组合！

回味无穷

食物让我如此幸福，我可不能因为小小的挫折停滞不前，我要重整旗鼓！

宇宙空间站里真的没有重力吗？

观看在宇宙空间站生活的宇航员传回来的影像资料，我们会发现宇航员和物体都飘浮在太空中。听说宇宙空间站里几乎没有重力，这是真的吗？

这个问题的答案在游乐园就能找到。相信大家都有过这样的经历，坐海盗船或跳楼机的时候，感觉身体倏地飘浮起来，失去了重力。但实际上，重力并没有消失，只是我们感觉不到因重力产生的重量，这种状态就是"失重状态"。另外，在乘坐旋转的游乐设施时，大家肯定有过身体好像要被甩出去的感觉。这是因为，在游乐设施旋转的过程中，我们的身体会受到向外的离心力*。

跳楼机　　　　　　　　　　　　　　　旋转游乐设施

其实，宇宙空间站并不是静止地飘浮在地球上空，而是环绕地球高速旋转，以免因地球的引力而坠落。因此，宇宙空间站还受到地球外侧方向的离心力，这种离心力的方向和地球重力的方向相反，两者相互抵消，使空间站处于失重状态，所以宇航员就会飘浮在空间站里。

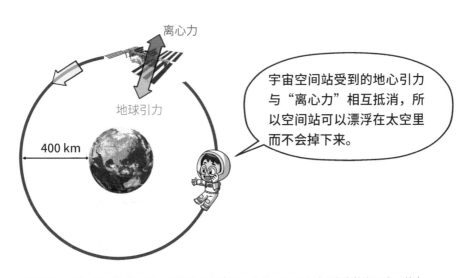

离心力

地球引力

400 km

宇宙空间站受到的地心引力与"离心力"相互抵消，所以空间站可以漂浮在太空里而不会掉下来。

*离心力：一种虚构力，是一种惯性的体现，是物体沿曲线运动或做圆周运动时所产生的离开中心的力。

大元和曲奇爬上了天平左边的托盘，天平严重向左倾斜。如果想让天平保持水平，应该把谁放到右边的托盘中呢。

答案在 162 页

第二章

力与运动

1. 疯狂的碰碰车手，艾咪

力 / 摩擦力 / 浮力

吃饱了，感觉浑身上下充满力量！看看这儿，肌肉都冒出来了。

哪有什么肌肉啊？

得意

这可不是真正的力。

一激灵

这不是力是什么？

啊，我说的是科学中定义的力啦。

呼哧

呼哧

既然说到这儿了，咱们去试试科学地使用力吧？

那科学中定义的力是什么呢？

力可以改变物体的形状或改变物体的运动状态。

捏捏

哼

砰

啊呀

什么呀，不就是孩子们玩的碰碰车吗？

啊，那你的意思是，这些东西很无聊咯？

不，一点都不无聊……

差点忘了，艾咪是碰碰车高手，车技一流，人称"燃烧的猴子"。

知道了，我去就是了。

55

等等，我堂堂科学天才大元，怎能如此任人宰割！

思考

啪

力的作用是相互的，如果我对物体施加力，物体也会给我同样的力。

这就是我发现的作用力与反作用力定律。

牛顿

就像游泳选手在水中蹬泳池壁，墙会把选手推向相反的方向一样！

作用　反作用

咻咻咻

我也要借助墙壁的力量发动攻击。

砰

复仇现在开始！

咻　咻

为什么碰碰车不怕撞呢?

　　力可以改变物体的形状和运动状态。当两辆碰碰车相撞时,包围着车身的橡胶保险圈会吸收冲击力,所以车身完好无损,而车的运动方向或速度会在冲击力的作用下发生改变。

可能是刚刚用力过度了，现在连走路的力气都没有。

这个力气可不是科学中所说的力。

蹦蹦

跳跳 沉重 沉重

瞥见

嗨，妹妹！用刚才攻击我的怪力拉拉这车。

啊，好的，好的。

看你这可怜样儿，就饶你这一次。

呃，怎么这么重啊？

呀呼，跑起来！

嘎吱吱

什么呀，为什么停下来了？

推车停下来的原因是什么呢？这是因为妨碍物体运动的力，即摩擦力在地面和推车的接触面之间起作用。

呼哧

呼哧

运动方向

摩擦力

为什么运动的物体最终都会停下来呢？

两个相互接触的物体做相对运动时，接触面上会产生一种阻碍相对运动的力，这种力叫作滑动摩擦力。滑动摩擦力不仅作用于两个相互接触的物体之间，也作用于物体与水或空气的接触面。正是因为这种力的存在，运动的物体最终才会停下来。

影响摩擦力大小的要素

这是因为金属表面非常光滑，而木头表面比较粗糙。两个物体接触时，阻碍物体滑动的力叫作摩擦力，物体表面越粗糙，摩擦力越大，越不容易滑动。所以雪橇在光滑的雪面上滑行时畅行无阻，在粗糙的地面上滑行时则寸步难行。

大元和艾咪在玩水滑梯，为什么在水滑梯上，大元比艾咪下降得慢呢？

　　摩擦力会作用于物体运动的反方向，成为阻碍物体运动的原因。如果排除影响下降速度等其他因素，仅从摩擦力来看，压力越大，摩擦力就越大。大元比艾咪更重，对水滑梯的压力更大，所以在水滑梯上受到的摩擦力也更大。因此，大元的下降速度比艾咪慢。

摩擦力的利用

慢慢悠悠

虽然摩擦力会阻碍物体运动，但并不意味着摩擦力一无是处。相反，利用摩擦力保障安全和便利的情况数不胜数！

为防滑而增加摩擦力的场景

在雪地上撒沙子，摩擦力会变大，就不容易滑倒了。

沙子

手掌抹上镁粉（碳酸镁），摩擦力会变大，抓住运动器材时不会打滑。

抓一把

搓搓

踢足球的时候最好穿能快速改变运动方向的球鞋！

底部凹凸不平的这种。

笔上为什么有橡胶圈？

写字的时候防止手滑！

橡胶

为保持物体运动而减小摩擦力的场景

在自行车链条上涂上润滑油，摩擦力会变小，车轮转得更顺畅。

冰壶比赛中，选手用刷子用力刷冰面，冰块部分融化，表面变光滑，摩擦力随之变小。

啊！变快了！

唰 唰 唰

坑坑洼洼

摩擦力小　　摩擦力大

一直往滑梯上倒水的话，滑起来更快。

但小朋友们不要跟着学喔。

咯咯咯

磁悬浮列车不接触地面，而是悬浮在空中，因此摩擦力较小，可以快速行驶。

轨道

原来为了更好地利用摩擦力，人们做出了这么多努力呀！

嗡嗡嗡

噢耶！终于要去看动物啦！

嗖

噗

嗬！长颈鹿……

哇

吐舌

长颈鹿先生，多……多吃点。

哥哥，你害怕长颈鹿吗？

哪有害怕！谁害怕了？

嘿嘿

咆哮

啊！斑马?!

天哪，巴士怎么能开到水里去呀？

这可不是一般的巴士，你看，它长得像一条船。

哗啦啦

啪

物体浸在水中的体积越大，浮力就越大。

地面

水

物体浸入水中的体积越大，浮力就越大。

好奇鬼
大元

沉重的飞机是如何飞起来的呢？

飞机飞行的秘密就在于机翼的形状。从侧面看，机翼的前端厚，后端薄。飞机在跑道上加速时，机翼周围的空气就会从机翼的上方和下方分开。这时，机翼上方的空气比机翼下方的空气流动速度更快，从而产生将机翼从下往上托起的升力。借助这股力量，沉重的飞机也能飞上天空。

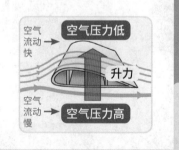

空气流动快 → 空气压力低

升力

空气流动慢 → 空气压力高

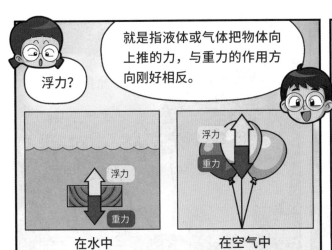

浮力?

就是指液体或气体把物体向上推的力，与重力的作用方向刚好相反。

浮力

重力

在水中

浮力

重力

在空气中

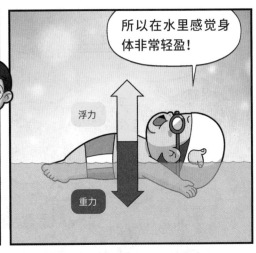

所以在水里感觉身体非常轻盈!

浮力

重力

那水真是辛苦了。

有浮力真是太好了。

要把哥哥举起来……

啊! 是大象!

噗噗噗噗

噗哈!

喀喀……

抱歉。

湿漉漉

哥哥，这里有毛巾，用这个擦擦吧。

谢谢你哦。

唰

不管你碰到什么困难，我都会倾力相助的，嘿嘿。

兄妹的好奇心 **巴士为什么能浮在水面呢?**

水上巴士的底部一般做得特别大，入水后浸在水中的体积大，相应的浮力作用也更大。浮力是液体或气体将物体向上推的力，作用方向与重力相反。

如何表示力？

　　力是改变物体形状或运动状态的原因。即使力的大小相同，如果方向不同，力的效果也会不同。另外，力的作用点不同，力的效果也会有所不同。因此，表示对某个物体起作用的力时，应标明力的作用点、力的大小、力的方向 3 个要素。

力的大小

用更大的力气推，就能推得更远。

力的作用点

哈！

即使力的大小相同，如果作用点不同，运动状态也会不同。

力的方向

如果力的方向不同，

物体的运动方向也会不同。

箭头的开始是力的作用点，
箭头的长度是力的大小，
箭头的方向表示力的方向。

力的作用点 ·····力的大小····· 力的方向

力的表示方法

2. 追踪兄妹俩的神秘组织

运动 / 速度 / 力的方向和速度 / 惯性

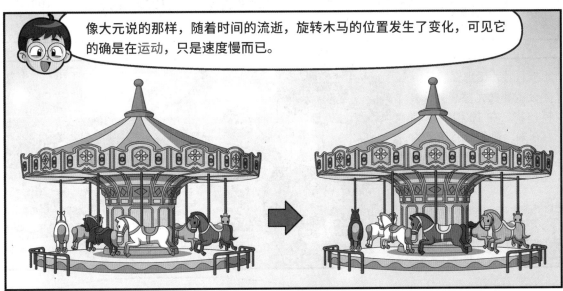

兄妹的好奇心 **旋转木马也在运动吗？**

　　如果物体在一定时间内位置发生了变化，我们就可以说物体在运动。旋转木马的位置也在变化，所以当然在运动啦。我们用速度和运动方向表示物体的运动状态，而旋转木马是以一定速度旋转的物体。

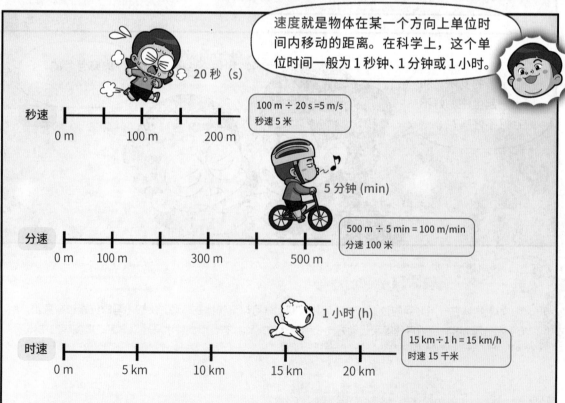

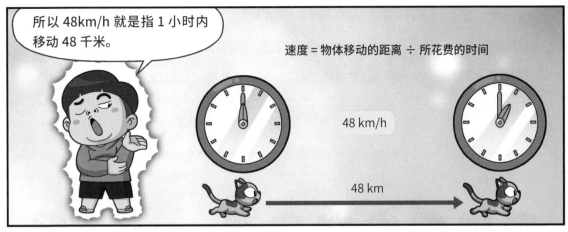

所以 48km/h 就是指 1 小时内移动 48 千米。

速度 = 物体移动的距离 ÷ 所花费的时间

48 km/h

48 km

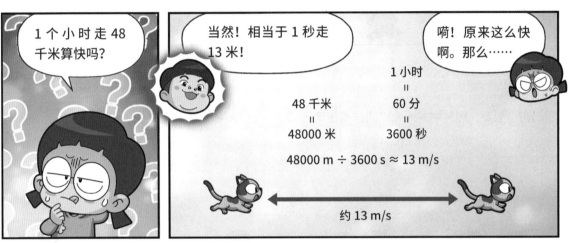

1 个小时走 48 千米算快吗？

当然！相当于 1 秒走 13 米！

嗬！原来这么快啊。那么……

$$1 小时 = 60 分 = 3600 秒$$

$$48 千米 = 48000 米$$

$$48000\ m \div 3600\ s \approx 13\ m/s$$

约 13 m/s

如果使用软糖的力量，我的速度应该比每小时 48 千米还要快吧？

咻咻

啪

旋转木马就留给你独自玩耍吧。

哼。

扑通

兄妹的好奇心　**如何知道谁更快？**

　　想要知道谁移动得更快，可以比较在一定时间内移动的距离。这时，我们可以将一定时间定为 1 秒钟、1 分钟或 1 小时。我们一般用米来表示 1 秒内移动的距离，而用千米表示 1 小时内的移动距离。

用图表表示物体的速度

　　以 1 秒为间隔拍摄大元和艾咪在 20 米区间跑步的过程，并把这些照片叠加在一张照片上，这种照片叫作多重曝光照片。物体运动越快，物体的间距就越远，所以通过这张照片就能知道速度的变化。

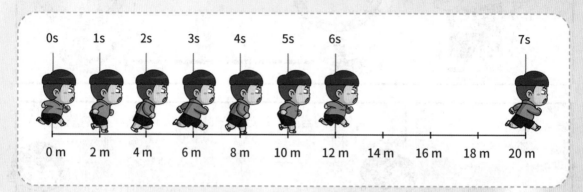

　　我们可以看到，照片中的大元以同样的速度跑到了 6 秒，6 秒之后速度变快。

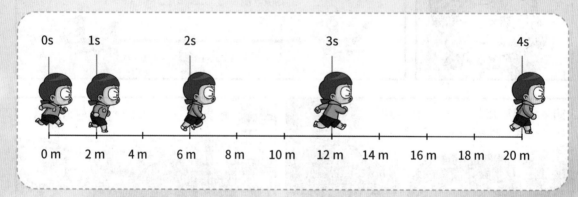

　　艾咪每 1 秒钟跑的距离越来越长，说明她跑得越来越快。

但是，仅通过多重曝光照片，我们还是很难比较大元和艾咪的速度。
这时，通过绘制物体的移动距离随时间变化的图表，我们可以一眼掌握物体的速度。

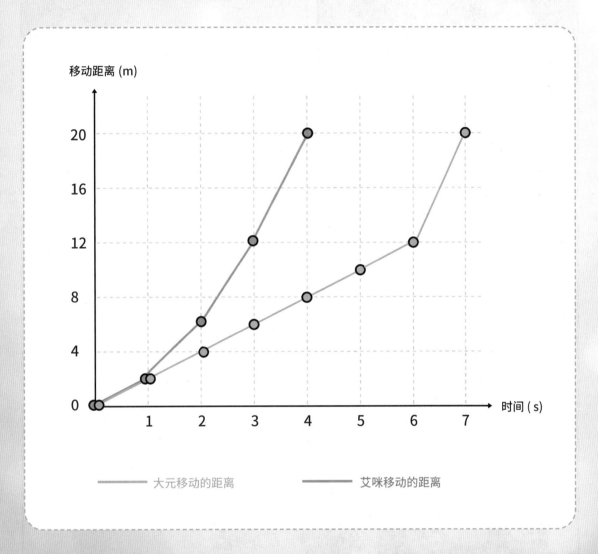

通过图表，我们是不是可以发现，艾咪比大元更快地跑完了 20 米呢？
我们还能看出，在第 1 秒内，大元和艾咪的速度是一样的，但是随后艾咪的速度超过了大元。

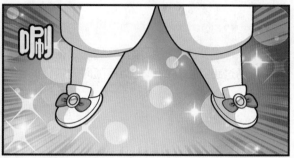

亲爱的朋友们，我现在正在骑旋转木马。

旋转木马太快了，我控制不住它。但我一定会坚持住的！加油！

直播中

实时聊天　👤 8人

哇，旋转木马好像真的很快呢，嘿嘿。

这个游乐园在哪里？多利乐园？

木马看起来很累呢。

大元先生看起来太陶醉了吧。

哎哟，胳膊疼。本来不想坐的，结果还是坐了。

啊！旋转木马太快了，帽子都快掉下来了！

嗡嗡嗡

让我再试试别的游乐设施？海……海盗船？哈哈，好的，让我想想。

丁零

来啊，哥哥，给你的粉丝们看看你朝气蓬勃的样子吧。

冷汗

啊 啊 啊

海盗船

哇啊

壮观

吨哈乐园

无论坐在哪个座位上，都一样可怕，呜呜呜。

中间位置升高少，没问题的。

好，现在要给粉丝们直播了。

紧张

海盗船移动时，滚轮推船，速度开始加快，就像荡秋千的时候在后面推秋千一样。

海盗船速度加快

滚轮

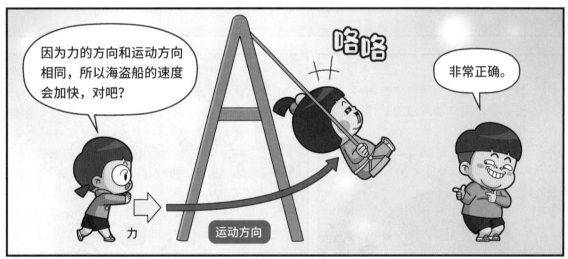

因为力的方向和运动方向相同，所以海盗船的速度会加快，对吧？

咯咯

非常正确。

力

运动方向

好奇鬼 大元

要想少淋雨，应该走路还是跑步呢？

哗啦啦——突然下雨了，如果没有雨伞，我们应该走还是跑呢？科学实验表明，在大雨中奔跑的人要比走路的人少淋40%的雨。但是在暴雨中，两者的差异不大。所以雨下得不大的时候，奔跑是减少淋雨的好方法；但如果雨下得太大了，还是找找雨伞或者等雨停吧！

那要是想让海盗船停下来，就得减速，这个时候滚轮的方向应该反过来吧？

没错儿，力的方向和运动方向相反，海盗船的速度会降下来。好了，现在大家都理解海盗船运行的原理了吧？

海盗船速度减慢　滚轮

呃

啪

力

运动方向

好，现在就让我亲自乘坐海盗船，零距离体验海盗船运作的原理吧。

提心吊胆

扑通　扑通　扑通

扑通

扑通　扑通

啊，动了。各路神仙……

海盗船

又开始了。

嘎吱吱

兄妹的好奇心 **海盗船是如何运转的呢？**

当中央的滚轮向海盗船运动的方向旋转时，海盗船的速度就会加快。这是因为滚轮推海盗船的力与海盗船运动的方向一致。但是如果滚轮推船的方向与运动方向相反，海盗船的速度就会减慢。

难道又是零食团干的好事？

不是。除了零食团，好像另有人在。

一时半会儿我也搞不清楚，我们先去玩别的游乐设施吧。

没错！游乐园的终极挑战，雪橇和过山车都还没坐呢！

离这里还有很长一段距离呢，幸好有自动人行道。

好好抓住扶手哦。所有物体都会表现出保持原来运动状态的惯性。如果扶梯突然停下来，我们的上半身会保持原来运动的状态，但我们的脚会跟着扶梯停下来，这时就很容易摔倒。

哈哈，站着不动就能前进，好方便啊。

在这种情况下还不忘解释物理法则。

兄妹的好奇心 **使用移动步道时为什么要抓好扶手呢？**

　　静止的物体一直保持静止，运动的物体一直保持运动的性质叫作惯性。如果移动步道突然停下来，我们就会因为继续运动的惯性而向前摔倒，所以一定要抓好扶手哦。

运动速度不变的游乐设施

观看体育比赛节目时，偶尔可以看到用视频或定时连续拍摄的照片分析运动员动作的场景。我们也用这种方法来观察一下游乐设施的运动吧。

下面是旋转木马和游乐园内部的循环列车。每隔一段固定时间拍摄一次两者的照片。结果显示，每次拍摄位置的间隔是一样的。这是因为它们都在做速度不变的匀速运动。

运动速度变化的游乐设施

以一定的时间间隔拍摄大元刚刚开始感兴趣的游乐设施——海盗船和跳楼机，结果会如何呢？

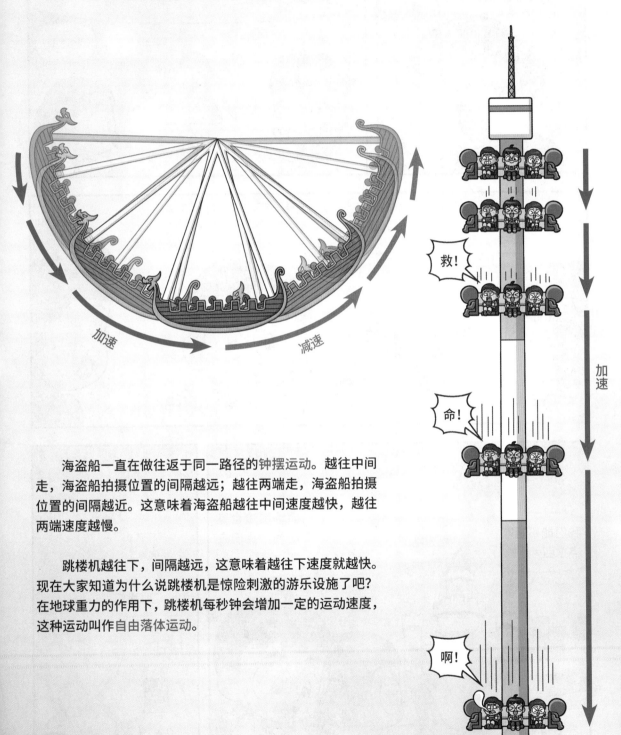

加速　　减速

救！

命！

加速

啊！

海盗船一直在做往返于同一路径的钟摆运动。越往中间走，海盗船拍摄位置的间隔越远；越往两端走，海盗船拍摄位置的间隔越近。这意味着海盗船越往中间速度越快，越往两端速度越慢。

跳楼机越往下，间隔越远，这意味着越往下速度就越快。现在大家知道为什么说跳楼机是惊险刺激的游乐设施了吧？在地球重力的作用下，跳楼机每秒钟会增加一定的运动速度，这种运动叫作自由落体运动。

惯性非常重要，我们玩游乐设施的时候需要系安全带也是因为惯性。

游乐设施出发前，我们有保持静止的惯性。游乐设施突然启动，我们的身体为了保持静止就会向后倾斜。

啊哈！

咻咻

游乐设施的运动方向和速度一直在变化，而我们的身体有惯性，所以会一直晃动，这时必须系好安全带。

安全带是生命带啊。

咯吱

没错没错。

我们能不能吃点东西再走？

零食团不是在那边吗？我们换个地方吃吧。

地图显示，滑雪场那边也有吃的，我们去那边吧。

趣趣 吉事果

那我们就去滑雪场吧！

这些都是因为惯性！

嘀嘀嘀嘀嘀！发现足球的一瞬间，司机马上就踩了刹车。但是为什么巴士没有立马停下来，而是向前滑行了一段距离才停下来呢。

这都是因为惯性。惯性是物体维持原有运动状态或静止状态的性质。简而言之，因为惯性，运动的物体会一直想保持运动，静止的物体则一直想保持静止状态。运动着的汽车有继续运动的惯性，所以即使立马刹车，也会向前行驶一段距离再停止。

惯性是我们生活中经常体验到的性质，我们一起来看看哪些场景中有惯性的身影吧。

静止物体保持静止状态

运动物体保持运动状态

巴士突然启动时，乘客保持静止状态，所以身体会向后倾倒。

巴士急刹车时，乘客继续向前运动，所以身体会向前倾倒。

灰尘有保持静止状态的惯性，所以向后敲打被褥，灰尘就会脱落。

跑步到终点的时候，因为有继续向前运动的惯性，所以不会立马停下来。

快速用力拉卫生纸的时候，因为卫生纸有保持静止的惯性，所以只能撕下前面一段。

脚被绊住了，身体会继续向前，所以会摔倒。

兄妹游乐场

♪ 寻找宣传海报中的错误 ♪

这里是想想就开心不已的呀哈乐园，宣传海报上有许多
错误的说明，我们一起来找找吧！

答案在 162 页

第三章

功与能量

1. 什么？我们根本没有做功？

功 / 能量 / 功与能量的关系

再见。

再见。

最近这么有礼貌的孩子很少见了。

哎，还是太热了。老板叫我们省着点用电，连风扇都不敢开。

咬牙

你做点功呀，发发电啥的。

做功？我不正在用功干活儿吗？

这算什么做功啊。

叹气

呜嗡

我们真的在认真地工作！

认真打扫，

认真搬运重物！

认真算账，计算每天卖出了多少！

动物园的员工把我当成逃逸的熊，对我穷追不舍，

我还努力想把违章停在我们店门口的车挪走。

虽然失败了……

委屈

好奇鬼 大元　　如果全世界的人同时跳起来，地球会晃动吗？

全世界约有 80 亿人口。如果这么多人同时跳起来，地球会不会晃动呢？ 假设一个人的体重是 50 千克，那么全世界人的体重之和是 4 亿吨。而地球的质量大约是 60 万亿亿吨（6×10^{24}kg），是人类重量之和的 15 万亿倍左右。因此，无论全世界的人怎么蹦蹦跳跳，地球也丝毫不会动摇。就像我们在大山上跳跃，山也不会动弹一样。

人类重量之和的 15 万亿倍左右。

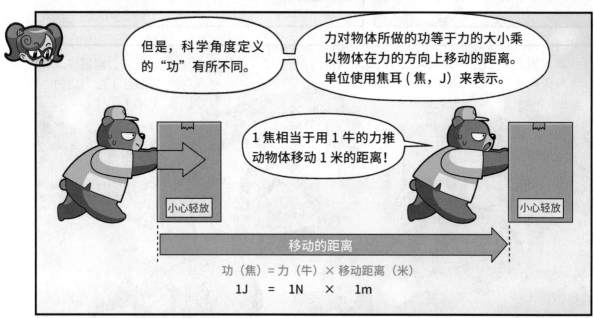

功（焦）= 力（牛）× 移动距离（米）
1J = 1N × 1m

在光滑的冰面上滑倒，也不能算做功，因为光滑的冰面没有摩擦力，你是在没有力的情况下移动的。

这种情况下，力的方向和运动的方向不一致，也不能算做功。

这都不算做功？

太憋屈了！

作用在箱子上的力的方向

箱子的移动方向

虽然在使劲，但是车并没有移动，所以这种情况下也没有做功。

什么？

换句话说，这是在做无用功。

兄妹的好奇心　让我们绞尽脑汁的工作都不是做功？

在日常生活中，我们将精神活动和所有需要花费力气的体力活动都叫作"工作"。但是在科学意义上，只有对物体施加力，使物体朝着力的方向运动才算"做功"。所以学习和处理问题都不能算科学意义上的"做功"。

因此，从科学意义上来说，你们今天什么功都没有做！

科学地做功有什么重要的！

有什么重要的！

如果对物体做功的话，物体就会获得做功的能力，也就是"能量"！

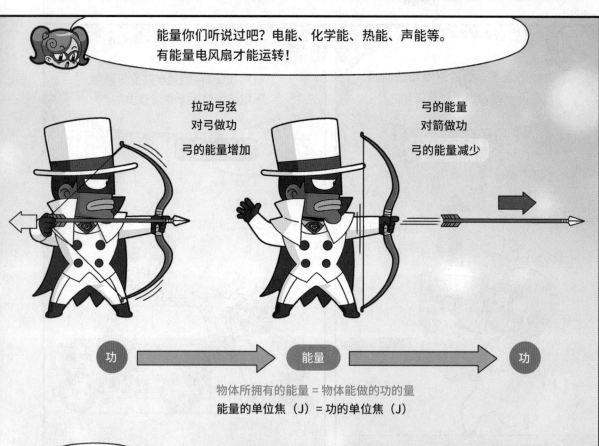

能量你们听说过吧？电能、化学能、热能、声能等。
有能量电风扇才能运转！

拉动弓弦
对弓做功

弓的能量增加

弓的能量
对箭做功

弓的能量减少

功 ➡ 能量 ➡ 功

物体所拥有的能量 = 物体能做的功的量
能量的单位焦（J）= 功的单位焦（J）

也就是说，通过做功给予物体能量，然后物体使用能量继续做功？

正是如此。功转换为能量，能量转换为功的过程不断反复。

也许我们今天没有做功，但今天的营业额却是最高的。

真的？

¥1800

当当

刚才大元把所有食物都点了一份，为我们的营业额做出了巨大的贡献。

哈，这家伙！

今天早点关店休息吧！

什么？但是……

但是什么？

咦？

刷

大家这段时间辛苦了，今天好好在游乐园里玩一玩。

呃，香草，你想干什么？

兄妹的好奇心　**为什么科学地做功很重要？**

　　如果对物体科学地做功，物体就会获得可以做功的能力，也就是能量。物体可以用电能、动能、化学能等多种形态的能量做功。即功转换为能量，能量转换为功。

我们从哪里开始呢？

我觉得这个看起来很有趣。

这个没有想象中好玩。

我讨厌水，我要去恐怖屋。

恐怖屋？

好！去吧。

你也一起去吧？

点头

那就一起出动吧！

嘿

功与能量的转换，哥德堡装置

③ 机器人推动高尔夫球

④ 高尔夫球掉进杯子里

② 小球按压开关

⑤ 轮子旋转

⑥ 面包到嘴里

① 拉线

轮子旋转

哥德堡装置是一种用迂回曲折的方法完成简单工作的装置，比如用开关关灯。哥德堡装置乍一看可能毫无用处，实则需要高水平的创意。

大部分哥德堡装置都是随着小球的滚动而启动的，在运转过程中会使用到斜面、杠杆、滑轮等装置。

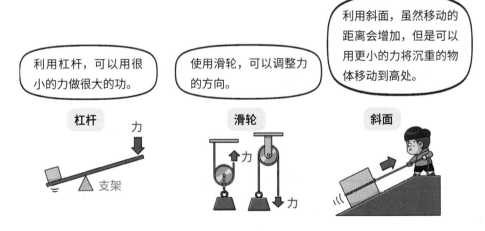

利用杠杆，可以用很小的力做很大的功。

使用滑轮，可以调整力的方向。

利用斜面，虽然移动的距离会增加，但是可以用更小的力将沉重的物体移动到高处。

杠杆　力　支架

滑轮　力　力

斜面

灵活地使用哥德堡装置，就能从一颗小球的滚动开始，用较小的力做较大的功，最终完成我们想要做的事情。各位冒险队员，你们也可以尝试制造哥德堡装置哦。

2. 恐怖屋的秘密

动能 / 势能

阴森

毛骨悚然 恐怖体验馆

哎，现在的人都去 VR 体验馆了。

是啊，一个客人也没有，我们很快就要吃不上饭了。

那你们倒是出去招揽客户啊。

叹气

热……

哈欠

啊，好困啊。

咦？有人来了。

难道是客人？

破破烂烂的，有可能已经停业了……

就是这里，呜嗡。

这里好像没有 VR 体验……

毛骨悚然 恐怖体验馆

100

没有停业，正在如火如荼地营业中！

售票处

啊？

突然

警告
此处有鬼怪出没，身心脆弱者禁入！

票价

快去准备准备！

知道了……

阴哈乐园

手忙脚乱

都多久没来过这种地方了。

阴森森

呜嗡。

不知怎么的，竟然有点兴奋。

早点进去，早点出来吧。

巧克力，你在前面开路。

呃！这都是什么？

别推我！

密密麻麻

蠕动 蠕动

啪

啪 啪

哇

就这！

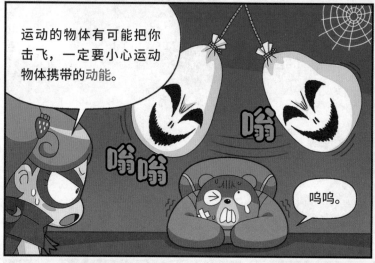

运动的物体有可能把你击飞,一定要小心运动物体携带的动能。

兄妹的好奇心 **为什么要小心运动的物体？**

大家玩过保龄球吗？这是一项利用滚动的保龄球击倒保龄球瓶的运动。运动的物体具有动能，如果与它们相撞，可能会被弹开或受伤。所以我们要小心运动的物体，尤其是像汽车或自行车那样快速移动的物体！

阴森森

出门卡就藏在棺材里，快快去寻找吧。

香草！你去打开。

不，我才不去……

啊！巧克力！快过来！

怎么了？干什么？

吱呀呀

嗷嗷！这次肯定能吓到你！

跳出

躲在这么窄的棺材里，真是辛苦您了。记得伸展一下身体。啊，对啦！卡……给我吧。

紧张

意外

您辛苦。

啊，别客气……

PASS

105

怎么曲奇的动能和草莓差不多呢，我还以为曲奇会撞得更厉害。

这是因为动能不仅受质量影响，还与物体的运动速度有关系。

这是什么意思？

物体的质量越大，动能越大。所以曲奇的动能也大。

3 kg 动能小

7 kg 动能大

物体的质量越大，物体的动能就越大，可以做的功就越多。

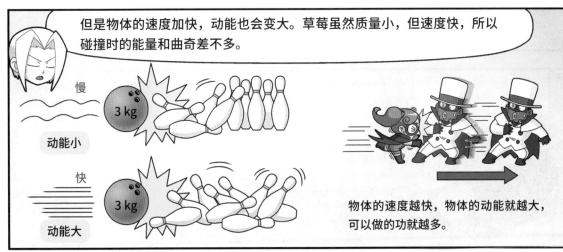

但是物体的速度加快，动能也会变大。草莓虽然质量小，但速度快，所以碰撞时的能量和曲奇差不多。

慢 3 kg 动能小

快 3 kg 动能大

物体的速度越快，物体的动能就越大，可以做的功就越多。

兄妹的好奇心 速度越快，能量就会越大吗？

运动的物体所具有的动能随着物体的质量和速度的增加而增大。所以保龄球越重，滚动速度越快，越有可能击倒更多保龄球瓶。所以我们不仅要小心重物，也要小心快速运动的物体哦！

我们现在去玩什么呢？

雪橇！

已经累了。

这大夏天的？

现在也有夏天滑的雪橇。

呀哈乐园

好的，那就去滑雪场吧，出发！

看来扮成这样也掩盖不住我的美貌，这可如何是好。

我真的不可怕吗？难道我该换份工作了？

叹气……

笑呵呵

他叫我多活动活动。

他说动能受质量和速度的影响……

但是那个人到底是谁呀？

是啊，好像是第一次见……

嘀嘀

咕咕

你们想知道吗？

嘿嘿嘿

哈哈哈哈

恐怖体验馆

大元！艾咪！加油！把我们的势能加到最大！
势能？是像电池一样的东西吗？
噗哈！你以为雪橇是玩具吗？嘻嘻。
艾咪答对了！
噢耶！猜对了！
嗯？是这样吗？
高处的重物在重力的作用下坠落，可以将地面的桩打牢。也就是说，物体由于被举高而具有能量。
这种能量就叫作势能。
哐

你是不是想说，雪橇的位置越高，势能就越大？

啪

雪橇的势能

不愧是紫色软糖的拥有者，瞧这与众不同的机智！哈哈。

得意

哦哦，知道了。到底还要爬多高啊？

要想利用物体的势能，就得把物体移动到高处，克服重力做功！

再坚持一下。

气喘吁吁……

力

重力势能

转换

克服重力所做的功 = 力 × 移动距离

移动距离
（高度）

你们在说什么？我们根本就没靠近过碰碰车。

我们去了恐怖屋，特别好玩儿。呜嗡。

是吗？

跟他们有什么好解释的，我不管我不管，我要滑雪橇了，你们都给我让开。

啊，对……对不起。

咻

对不起什么对不起！干吗要跟这些坏家伙说对不起！

啪嗒

啊！

不是你们还能有谁！

这我们怎么知道！看来除了我们，还另有人在。

冬奥会中最快的比赛项目是什么？

　　虽然每届奥运会的情况都不一样，但比较冠军们的平均速度，我们会发现雪橇类项目大体上比较快。有舵的雪车平均时速约为 140 千米，最高时速约为 150 千米；无舵的钢架雪车和雪橇平均时速约为 130 千米，最高时速约为 140 千米。雪橇类项目之所以如此之快，是因为它在摩擦力非常小的冰面上行驶。高山滑雪的速度也非常快，平均时速约为 130 千米，最高时速约为 160 千米。

滑雪时，从倾斜的雪面上滑下来速度更快哦！

雪橇在摩擦力几乎为 0 的冰面上滑行。

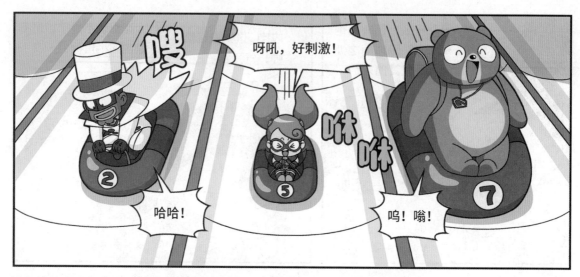

兄妹的好奇心 为什么爸爸妈妈坐的雪橇停得慢呢？

爸爸妈妈比我们更重，和雪橇加在一起的质量更大，重力势能也更大。因此，雪橇从顶端滑下来后，也不会轻易停下，而是继续前进。

兄妹的好奇心 **如何让雪橇滑得更快呢?**

如果想增加雪橇的速度,可以像大元和艾咪一样压低身体,减少与空气接触的面积,从而减少空气阻力。还可以将雪橇形状做成前面尖、后面圆的形状,让雪橇周边的空气快速流动,这样也能让雪橇速度更快。

重力势能

装满水的气球从 10 层楼掉下来，打碎了车玻璃，为什么会发生这样的事故呢？
这是因为，物体所具有的重力势能在物体从高处掉落的瞬间就会转换成动能。

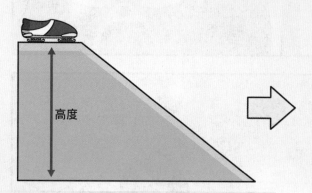

高度

测速

E_p（重力势能）=
m（质量）$\times g$（重力加速度*）$\times h$（离地面的高度）

E（动能）=
$\frac{1}{2} \times m$（质量）$\times V^2$（速度的平方）

* 重力加速度：在地面附近的物体由于重力作用而获得的加速度，用 g 表示。$g = 9.8 \, \text{m/s}^2$。

如果重 0.1kg 的物体从公寓的 10 层、约 30m 的高度掉落，那么 29.4 J 的势能大部分都会转变成动能。

呃啊！怎么坠落得这么快啊！

时速 90km！

坠落实验太危险了，只能在科学实验室中进行！

$9.8 \, \text{m/s}^2 \times 0.1 \, \text{kg} \times 30 \, \text{m} = 1/2 \times 0.1 \, \text{kg} \times$ 速度 $(24.5 \, \text{m/s})^2$

势能　　　　　　　　　　动能

水气球每秒会下降 24.5m 左右，也就是时速 90km，这就是仅 0.1kg 重的气球能够击碎车玻璃的原因。读到这篇文章的小朋友们，一定要牢记，危险的坠落实验只能在科学实验室中进行哦。

影响势能大小的因素有哪些呢？

利用图中的实验装置，可以通过铁珠从一定高度滚落时推动木块移动的距离来比较势能的大小。

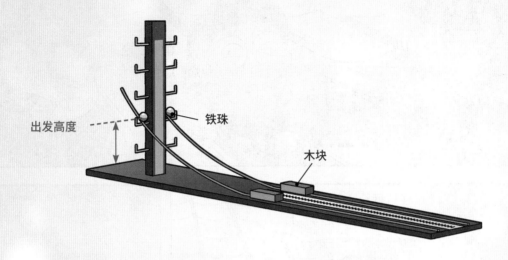

出发高度

铁珠

木块

首先，将铁珠放在同一高度，分别将铁珠的质量增加至 2 倍和 3 倍，铁珠的势能增加，木块移动的距离也会分别增加至 2 倍和 3 倍。

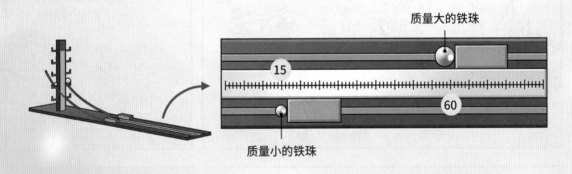

质量大的铁珠

15

60

质量小的铁珠

将质量相同的铁珠放置的高度分别调高至 2 倍和 3 倍，铁珠的势能也会增加，木块移动的距离也会分别增加至 2 倍和 3 倍。

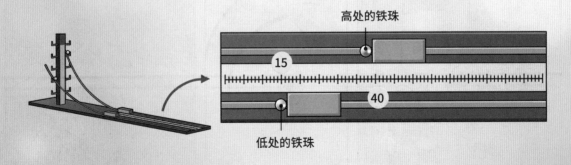

高处的铁珠

15

40

低处的铁珠

就像这样，势能与物体的质量和高度成正比！

啊哈！我们赢啦！

漂亮！

得意

这些家伙……

手舞

足蹈

连这两个小屁孩儿都赢不了？下场比赛必须赢！

啪嗒

呜嗡，痛。

这场是复仇赛！你们快给我过来！

很好！接受你们的挑战！

咦？

瞟

什么？！

薄荷？

啪

我们也有能量

虽然平时可能意识不到，但我们其实生活在一个充满能量的世界。一提到
能量，我们可能首先会想到电能和热能，但除此之外我们身边还有很多其他形态
的能量。一起来找找周围有什么样的能量吧?

首先是地球上的生命体和自然现象的能量之源——太阳能。多亏了太阳能，我们才能在地球上
生存。

其次，生物进行生命活动所需的能量是化学能。植物自己制造养分获得能量，动物则通过食用
其他生物汲取养分获得能量。

除此之外，还有提高物体温度的热能、启动电器的电能、照亮周围的光能、运动的物体所具有
的动能、高处物体所具有的势能等多种形态的能量。

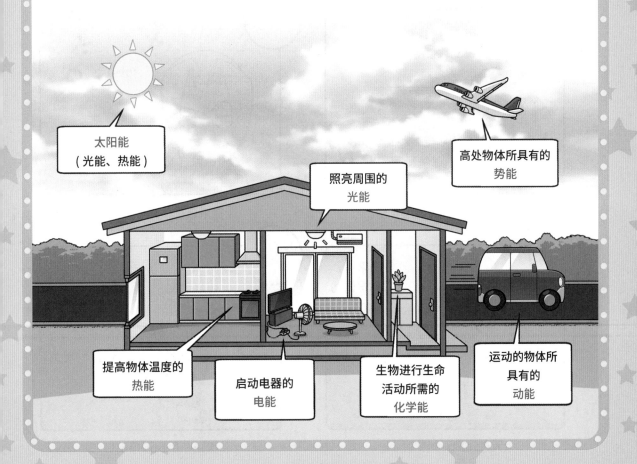

太阳能
（光能、热能）

高处物体所具有的
势能

照亮周围的
光能

提高物体温度的
热能

启动电器的
电能

生物进行生命
活动所需的
化学能

运动的物体所
具有的
动能

兄妹游乐场

♪ 寻找正在做功的人 ♪

从科学的角度来说，只有在使物体沿着力的方向运动时，力才会对物体做功。让我们找一找正在做功的人吧！

答案在 162 页

巧克力正在推购物车。

草莓滑倒了。

曲奇在推车，但是车没有动。

香草正在认真地算账。

大元久违地开始学习了。

艾咪正在用棒球棒击球。

第四章

能量的转换和守恒

1. 我们不是恶魔

力学能量 / 力学能量的转换 / 能量守恒

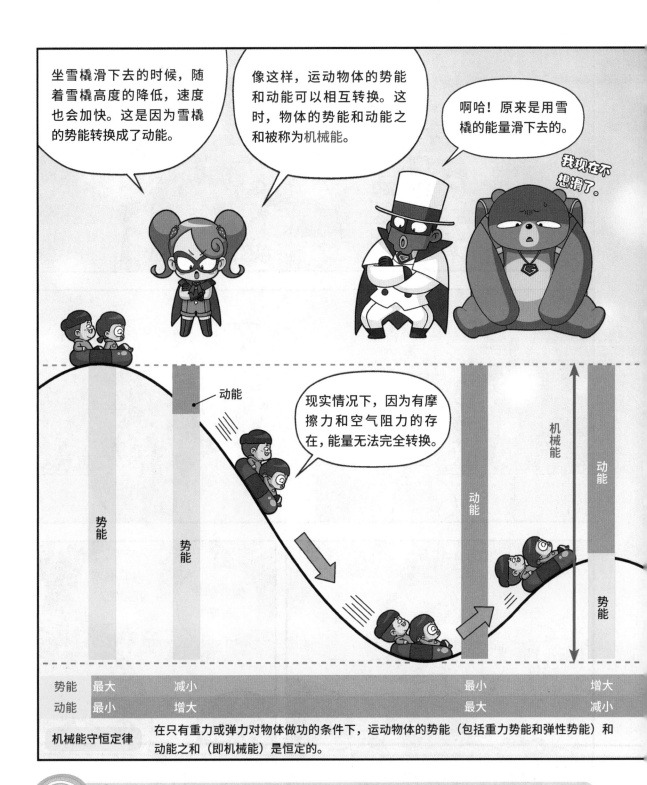

坐雪橇滑下去的时候，随着雪橇高度的降低，速度也会加快。这是因为雪橇的势能转换成了动能。

像这样，运动物体的势能和动能可以相互转换。这时，物体的势能和动能之和被称为机械能。

啊哈！原来是用雪橇的能量滑下去的。

我现在不想滑了。

动能

现实情况下，因为有摩擦力和空气阻力的存在，能量无法完全转换。

机械能

动能

动能

势能

势能

势能

势能

势能	最大	减小		最小	增大
动能	最小	增大		最大	减小

机械能守恒定律　在只有重力或弹力对物体做功的条件下，运动物体的势能（包括重力势能和弹性势能）和动能之和（即机械能）是恒定的。

兄妹的好奇心　**为什么雪橇越是在高处滑越有趣呢？**

从高处乘雪橇滑下来，雪橇的势能就会转换为动能，雪橇的速度也会加快。雪橇的位置越高，势能就越大，滑下来时雪橇的速度就越快，所以在高处滑雪橇更有意思。

既然如此，决斗吧！

嗡？

挑战不闭眼、不尖叫坐过山车！

刷

啊啊啊

这就是小菜一碟嘛，我还以为是什么难事呢……

欣然应战

你……你们，是认真的吗？

嗡！小菜一碟！

你……你们坐过山车可以不尖叫不闭眼吗？

当然可以！

怎么了？你没有自信？

嘲讽

不就是不尖叫、不闭眼嘛，看来零食团也不过如此？

要不改名叫"不过如此团"？

哼！这家伙……

129

既然如此……

我要坐中间!

什么呀……

看来是害怕得精神失常了。

嘘，别看她，可能会咬你。

竟然敢嘲笑我，但没关系，一会儿你们就会后悔的！呵呵。

嘀嘀

呀哈

咕咕

你们以为我听不见吗！

话说回来，哥哥！你真的能坐过山车吗？

这算什么，连蹦极都挺过来了……

呀哈乐园

这个跟蹦极又不一样，我怎么有点担心啊。

紧张

耸立

终于到了。

终于……

你们知道吗？过山车是没有引擎的？

用马达把珠子运到高处，珠子就获得了势能。珠子往下滑落的过程中，势能转换成动能。

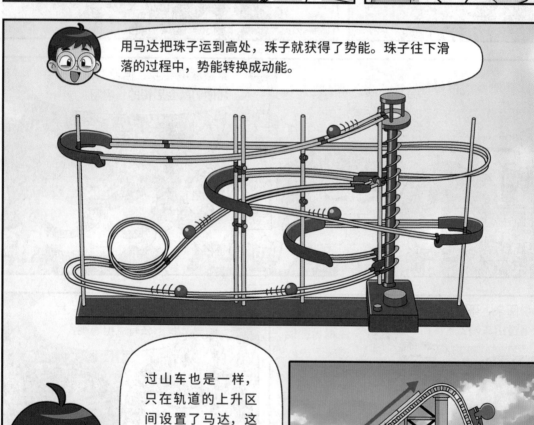

过山车也是一样，只在轨道的上升区间设置了马达，这是为了将过山车的势能最大化。

将过山车运到高处的马达

但是受列车和轨道之间的摩擦力和空气阻力等影响，一部分势能转换成了不能使用的热能、声能、光能等。

能量转换越多，机械能就越少，因此在设计轨道时，要充分考虑高度、形状、长度等因素。

所以过山车轨道刚开始很高，后面就越来越低了。

能量的总和是恒定的！

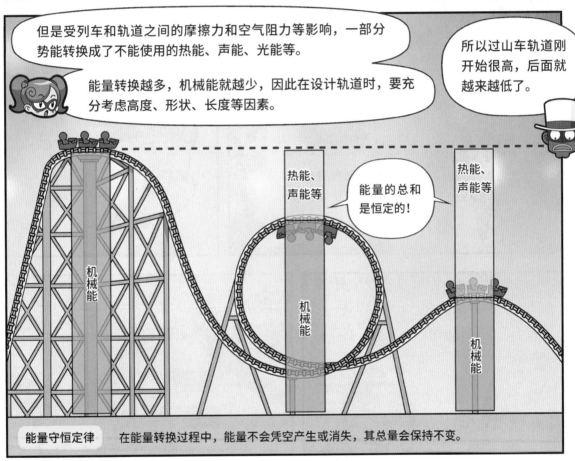

能量守恒定律　在能量转换过程中，能量不会凭空产生或消失，其总量会保持不变。

兄妹的好奇心　**为什么过山车轨道在刚开始的时候高度最高呢？**

过山车在运行过程中会发生多种能量转换。在空气阻力和摩擦力的作用下，一部分能量会转变为无法被利用的热能或光能，刚开始积蓄的势能就会被消耗。于是，为了获得最大的势能，第一段轨道的高度是最高的。

东张西望

嗯?香草,你在找什么?

没找什么。

是我多心了吗?

哒哒哒

这是我的座位!

你在说什么!这是我早就选好的!

坐哪里好呢?

大元!来这儿坐吧!

扑通
扑通

哇

好的,准备出发!

不能尖叫，不能闭眼，否则就输了……

怎么了？为什么不动了？

出故障了吗？

妈妈，我害怕！

哎哟，哎哟，这是谁呀？

呃？你是谁？

哈哈，原来在这里。

呃！

走……走开！软糖已经被我吃了，我没办法给你！

摇头

摇头

哎哟，是吗？那就没办法了。

狡黠

那我就只好让你们体验一下真正的刺激了。

按

哐当

呃啊！

啊呀呀！

孩子们，抓紧了！千万别松手！

好的，哥哥！不要担心我们！

那不用担心艾咪了，担心担心我吧！呜呜。

按

嘎吱嘎吱

啊，妈妈！

啊，我的孩子！

不要啊！谁来帮帮我的孩子？

唰

香草？

好奇鬼 大元

声音能打碎碗吗？

虽然难以置信，但是确实可以！这是因为声音是一种振动，它具有能量。虽然肉眼看不见，但所有的物体都在振动，每个物体的振动幅度都不一样。如果声音的振动频率和物体的振动频率相同，那么随着物体的振动幅度增大，物体的晃动幅度也会增大，这种现象被称为共振。美国曾发生过因风和桥共振而导致桥断裂的事故。

香草应该没事吧?

哎，谁知道呢。从那么高的地方掉下来……

从那么高的地方掉下来，势能转换成了动能，下降时的速度应该非常快。

没想到他是个好人。

看来他也不像外表看起来那么冷酷无情。

说不定因为这次的事件，零食团能有所改变。

但愿吧……

啊，那家伙?

走吧，孩子们! 我们有事要做了。

废弃的能量也能再利用

最近，随着对能量的关注度越来越高，科学家们正在研究收集我们周围的废弃能量并将其转换成可利用能量的方法。像这样收集日常生活中废弃或消耗的能量进行再利用的技术叫作能量收集。

目前最常用的能量收集技术是将人或汽车等产生的振动或压力转换成电能的压电效应。巴西的一个足球场就安装了压电装置，利用选手们每次跑动时产生的振动和压力照亮了赛场。

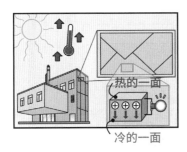

收集建筑物白天储存的热能并将其转换成电能的技术目前也接近完成阶段。如果该技术被开发出来，我们就可以把众多废弃热能转化为电能。

除此之外，活用人体能量的研究也在积极开展中。也许在不久的将来，只要披一件衣服就能给手机充电了。

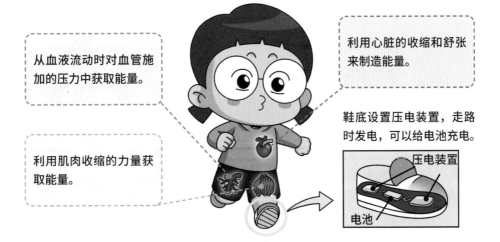

从血液流动时对血管施加的压力中获取能量。

利用心脏的收缩和舒张来制造能量。

利用肌肉收缩的力量获取能量。

鞋底设置压电装置，走路时发电，可以给电池充电。

2. 落入陷阱的兄妹俩

电能的产生 / 电能的转换

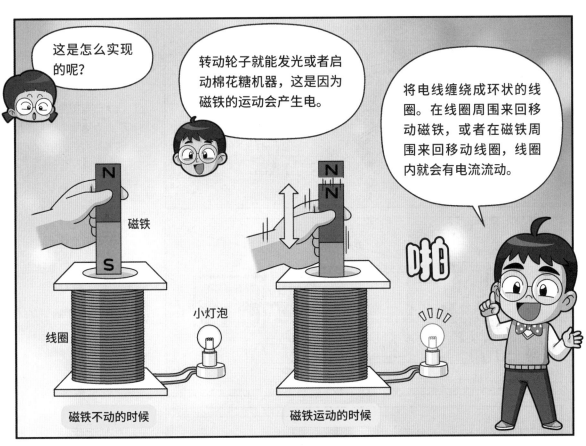

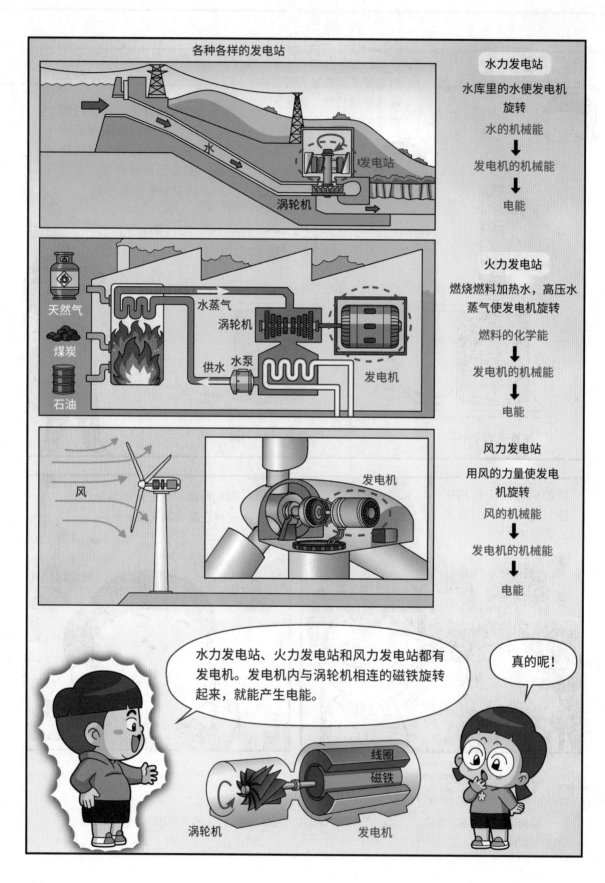

各种各样的发电站

水力发电站

水库里的水使发电机
旋转

水的机械能

⬇

发电机的机械能

⬇

电能

火力发电站

燃烧燃料加热水，高压水
蒸气使发电机旋转

燃料的化学能

⬇

发电机的机械能

⬇

电能

风力发电站

用风的力量使发电
机旋转

风的机械能

⬇

发电机的机械能

⬇

电能

水力发电站、火力发电站和风力发电站都有
发电机。发电机内与涡轮机相连的磁铁旋转
起来，就能产生电能。

真的呢！

跟其他能量相比，电能损失的热能少，而且能通过电线输送。正是因为这些优点，电能成了我们日常生活中经常使用的能量。

唾沫横飞

噗哈

咦？

VR 虚拟现实游戏厅

哦！是虚拟现实游戏厅！

哥哥，一起去！

孩子们，等一下！

快过来给我们交入场费吧。

VR 虚拟现实游戏厅

怎么感觉不应该跟过来……

呀哈！

兄妹的好奇心　**水和风如何制造电能？**

　　用水的势能和风的动能启动发电机，里面的磁铁和线圈旋转，电就产生了。除此之外，燃烧煤炭、石油、天然气，把水加热，水成为水蒸气，水蒸气的动能也能使发电机运转起来。

这里是全世界独一无二的、最尖端的游戏空间。在这里，您可以全身心地体验虚拟游戏中的感觉。

虚拟现实游

游戏即将开始，请穿上VR套装吧。

VR 套装

唰

啪

现实游戏厅

嘿

嘎吱

吭哧

好的，那我们就准备开启虚拟现实游戏咯！

好的！

哎，好的。

不安

好奇鬼 大元

我们的身体也能发电吗？

你见过踩着踏板就能发电的自行车吗？利用相同的原理，我们在运动自己的身体时也可以发电。最近，科学家们还在研究用我们体内发生的化学反应发电的方法，如果研究成功，人工器官就可以在体内直接获得电能，不再需要更换电池了。也许在不久的将来，我们体内制造的电能可以用来使人工心脏跳动。

让我们一起珍惜电能

啊！这是什么情况？ 好像停电了。整个屋子都黑漆漆的。这么热的夏天竟然停电了！在这酷暑中，身体好像要熟透了，冰箱里的食物好像也要腐烂了。这可怎么办？

电呀，我们离不开你。快回来吧！

电能可以通过各种电器转换成多种形态的能量，使我们的生活更加便利。电灯和电视将电能转换为光能，扬声器将电能转换为声能，烤面包机等将电能转换为热能，洗衣机和吸尘器则将电能转换为动能。

电能在转换成其他能量的过程中能量损失较小，可以利用电线快速运输，而且比较安全，因此在我们的生活中被广泛利用。

但是你知道吗，用处多多的电能正在被浪费！大部分家电产品即使关机，但只要连接着插座就会消耗电能。这种被消耗的电能被称为待机能耗，从很久以前开始就被认为是浪费电能的主犯，也被称为"电能吸血鬼"。据说，在现实生活中浪费的电能每年高达数十亿人民币，所以大家千万不要忘记把家电的插座拔下来！一起来为节能环保贡献自己的力量吧！

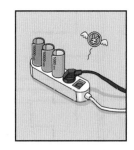

兄妹游乐场
♪ 发电站迷宫 ♫

艾咪正在打听发电厂是怎么发电的。
把通过迷宫时出现的文字连接起来，填写正确答案吧！

答案在 162 页

在发电站，发电机在运转过程中会产生电流。
发电机内有非常强大的 ○○，中间有 ○○ 旋转产生电流。

正确答案在
下一页！

答案

第 50 页　天平平衡法

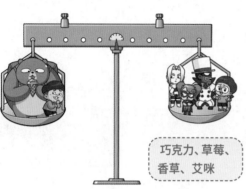

巧克力、草莓、香草、艾咪

130 kg+85 kg=215 kg　85 kg+38 kg+52 kg
　　　　　　　　　　　+40 kg=215 kg

第 88 页　寻找宣传海报中的错误

旋转木马是一种速度恒定的游乐设施。

第 124 页　寻找正在做功的人

巧克力正在推购物车。

草莓滑倒了。

曲奇在推车，但是车没有动。

香草在认真地算账。

大元久违地开始了学习。

艾咪正在用棒球棒击球。

第 160 页　发电站迷宫

名词解释

这些都是基础科学名词，一定要记牢哦！

惯性
物体维持原有运动状态或静止状态的性质。

摩擦力
两个互相接触的物体做相对运动（或有相对运动趋势）时，接触面上产生的一种阻碍相对运动（或相对运动趋势）的力。

重量
作用在物体上的重力的大小。

浮力
液体或气体将浸没在其中的物体向上推的力，与重力的方向相反。浮力的大小与物体浸没在气体或液体中的体积成正比。

速度
物体在某一个方向上单位时间内移动的距离。物体移动的距离除以所花费的时间就是速度。有秒速、分速、时速等。

能量
物体所具有的做功的能力。有电能、热能、动能、势能等。

能量守恒定律
能量转换为其他能量的过程中，不会产生新的能量，也不会消失，其总量会一直保持恒定。

机械能
物体所具有的势能与动能之和。

机械能守恒定律
在只有重力或弹力对物体做功的条件下，运动物体的势能（包括重力势能和弹性势能）和动能之和（即机构能）保持恒定。

运动
物体在空间中的相对位置随着时间而变化。

动能
运动物体所具有的能量。物体的质量越大，速度越快，动能就越大。

重力势能
高处物体所具有的能量。物体质量越大，位置越高，势能就越大。

功
一个力作用在物体上，物体在这个力的方向上移动了一段距离，物理学上就说这个力做了功。

重力
地球吸引物体的力，作用方向指向地球中心。

质量
构成物体的物质固有的量，是量度物体惯性大小和引力作用强弱的物理量，可以利用天平将物体的质量和标准砝码进行对比测量出来。

弹性
物体受力时发生形变，不受力时又恢复到原来形状的性质。弹力则是物体由于发生弹性形变而产生的。

力
改变物体的形状、运动方向、速度的作用。

名词	页码	名词	页码
克（g）	43	手提秤	17
千克（kg）	43	水力发电站	152
牛顿（N）	43	杠杆原理	26
家用秤	17	钢架雪车	115
哥德堡装置	99	高山滑雪	115
空气阻力	45	时速	72
共振	145	婴儿秤	35
惯性	83、86～87	阿努比斯神	31
起重机秤	35	阿米特	31
多重曝光照片	74	升力	66
月球引力	43	天平	26~27
待机能耗	159	能量	96
匀速运动	84	能量守恒定律	133
无舵雪橇	115	节能	159
摩擦力	58～63	能量收集	147
重量	13	机械能	127
失重状态	49	机械能转换	133
支点	24	热能	123
发电机	152	零点调节螺丝	19
有舵雪橇	115	弹簧	16~17
浮力	66	弹簧秤	17
分析天平	35	运动	71
分速	72	动能	102
光能	123	动能与速度	107
速度	72	动能与质量	107

名词	页码	名词	页码
离心力	49	力	52
势能	111	力的方向	69
功	94～96	力的作用点	69
功与能量的关系	96	力的大小	69
自由落体运动	85	力的表示	69
作用力与反作用定律	56		
电能	123、151～153		
电能转换	152		
电子量勺秤	35		
焦（J）	96		
重力	39		
钟摆运动	85		
质量	42～43		
秒速	72		
超精密宝石秤	35		
弹性	16、20～21		
弹力	16、20～21		
太阳能	123		
涡轮机	152		
蹦床	14、16		
指针	19		
风力发电站	152		
火力发电站	152		
化学能	123		
便携式电子秤	35		

给孩子严谨的科学知识

☆ **韩国科学技术学院老师策划知识点 & 审校**

郑铉澈（院长）

韩国首尔大学科学教育及天文学博士，参与韩国科学天才教育政策制定和课本研发。

金熙穆（高级研究员）

韩国江原大学科学教育博士，曾主导科学天才教育项目。目前从事科学工作者未来出路的相关研究。

权敬娥（高级研究员）

首尔大学生物教育系毕业，美国佐治亚大学科学教育博士，目前专注于数学和科学教育内容的开发。

崔真秀（研究员）

韩国教员大学化学教育硕士，从事天才学院及科学高中相关的基础研究，负责学生教育和教师研修。

☆ **韩国超人气喜剧演员创作故事**

搞笑兄妹（韩大元，张艾咪）

韩国小学生喜爱的喜剧演员，为给更多人带来欢笑而不断努力着。

☆ **经验丰富的作家创作漫画脚本**

李贤真

大学主修生物学和心理学，随后进入科学教育领域，开发科学教学内容。

权泰均

韩国科学技术院生命化学工业博士，现为科学丛书作家及专栏作家。

☆ **童心满满的漫画家绘制漫画**

金德永

心系孩子的快乐成长，努力创作激发孩子想象力的益智学习漫画。曾为十几个系列童书创作漫画，帮孩子轻松掌握历史故事、名人传记和百科知识。

孩子不爱学习怎么办？那就让他看漫画吧！

德利斯公司（老板：斯威特先生）

全世界有名的食品制造企业，老板是斯威特先生，

以吃一口就饱的炸鸡味曲奇饼干而闻名。

为了独占美味的零食，背地里坏事做尽。

经常偷窃其他零食公司的配方。

零食团

想吃尽世界上所有零食的坏家伙们。

作为美味公司的重要成员，他们接到斯威特的指示，

秘密地执行任务。在对天才研究所进行暗查的途中，

偶然得知了超级软糖的存在，目前正在追踪软糖的行踪。

零食团的主要恶行

☑ 窃取其他零食公司的饮料配方。

☑ 囤积好吃的巧克力。

☑ 挑起薄荷巧克力派和反薄荷巧克力派之间的纷争。

斯威特先生为什么盯上了软糖呢？

从这艘宇宙飞船里咻地伸出了一只胳膊！

★美味公司的产品★

1. 酥酥脆脆鲨鱼饭
2. 蜡笔味巧克力棒
3. 香香甜甜香草饼干
4. 薄荷巧克力味布丁
5. 新产品！碳酸爆炸可乐

他们拥有一种叫作"巧克力炮"的可怕武器！

目前为止，还无法掌握这台机器的功能。

新闻

可乐配方被盗！美味公司是罪魁祸首？

零食团人物情报

零食团的实际领导人。	零食团行动队长,善于操纵机器。	自封零食团武术担当。
可爱的外表下,藏着一颗	看草莓眼色过日子。	很怕小狗。
邪恶的心。	代号:**巧克力**	代号:**曲奇**
代号:**草莓**	国籍:**巴西**	国籍:**俄罗斯**
国籍:**韩国**	年龄:**推测为 17 岁**	星座:**巨蟹座**
年龄:**推测为 18 岁**	星座:**处女座**	年龄:**推测为 5 岁(也有 15**
星座:**白羊座**	兴趣:**在汉江边跑步,探访热巧**	**岁的说法)**
兴趣:**收集草莓周边产品**	**克力美食店**	兴趣:**收集玩具**
喜欢的食物:**所有用草莓**	喜欢的食物:**巧克力火锅**	喜欢的食物:**能吃的一切**
做成的食物	讨厌的食物:**薄荷巧克力**	讨厌的食物:**草莓**
讨厌的食物:**黄瓜**	MBTI:**INTJ**	MBTI:**未知**
MBTI:**ESFP**		

代号:**香草**

国籍:**英国**

年龄:**推测为 22 岁**

星座:**狮子座**

兴趣:**收集茶杯**

喜欢的食物:**伯爵红茶蛋糕**

不喜欢的食物:**鸡爪**

MBTI:**ISTJ**

物理

作者 _ 韩国搞笑兄妹　[韩]李贤真　[韩]权泰均　绘者 _ [韩]金德永　译者 _ 易乐文

产品经理 _ 潘盈欣　装帧设计 _ 杨慧　产品总监 _ 徐宏　技术编辑 _ 丁占旭
责任印制 _ 刘世乐　出品人 _ 王国荣

营销团队 _ 张远　易晓倩　张楷　李宣翰

www.guomai.cn

以 微 小 的 力 量 推 动 文 明

图书在版编目（CIP）数据

物理 / 韩国搞笑兄妹, (韩) 李贤真, (韩) 权泰均
著 ; (韩) 金德永绘 ; 易乐文译. —济南 : 山东画报
出版社, 2023.10
（搞笑兄妹科学大冒险）
ISBN 978-7-5474-4537-2

Ⅰ.①物… Ⅱ.①韩… ②李… ③李… ④金… ⑤易…
Ⅲ.①物理学—儿童读物 Ⅳ.①O4-49

中国国家版本馆CIP数据核字(2023)第150086号

WULI
物理

韩国搞笑兄妹　[韩]李贤真　[韩]权泰均 著　[韩]金德永 绘　易乐文 译

责任编辑　刘　丛
装帧设计　杨　慧

主管单位　山东出版传媒股份有限公司
出版发行　山东画报出版社
　　社　　址　济南市市中区舜耕路517号　邮编　250003
　　电　　话　总编室（0531）82098472
　　　　　　　市场部（0531）82098479
　　网　　址　http://www.hbcbs.com.cn
　　电子信箱　hbcb@sdpress.com.cn
印　　刷　河北尚唐印刷包装有限公司
规　　格　185毫米×258毫米　16开
　　　　　11.25印张　　150千字
版　　次　2023年10月第1版
印　　次　2023年10月第1次印刷
印　　数　1—8 500
书　　号　ISBN 978-7-5474-4537-2
定　　价　58.00元